大洗戦車博物館

Welcome to
OARAI
TANK
MUSEUM

Illustration & Text by
NOBUO SHIMODA

絵と文
下田信夫

廣済堂出版

いつの頃からか大洗町におじさん3人による戦車研究会が活動していました。
その会に降って湧いたのが、大洗大使からの「戦車博物館」設立依頼です。

戦車研に「白羽の矢」が立ちました。
大洗戦車研究会
調査・研究・レストア

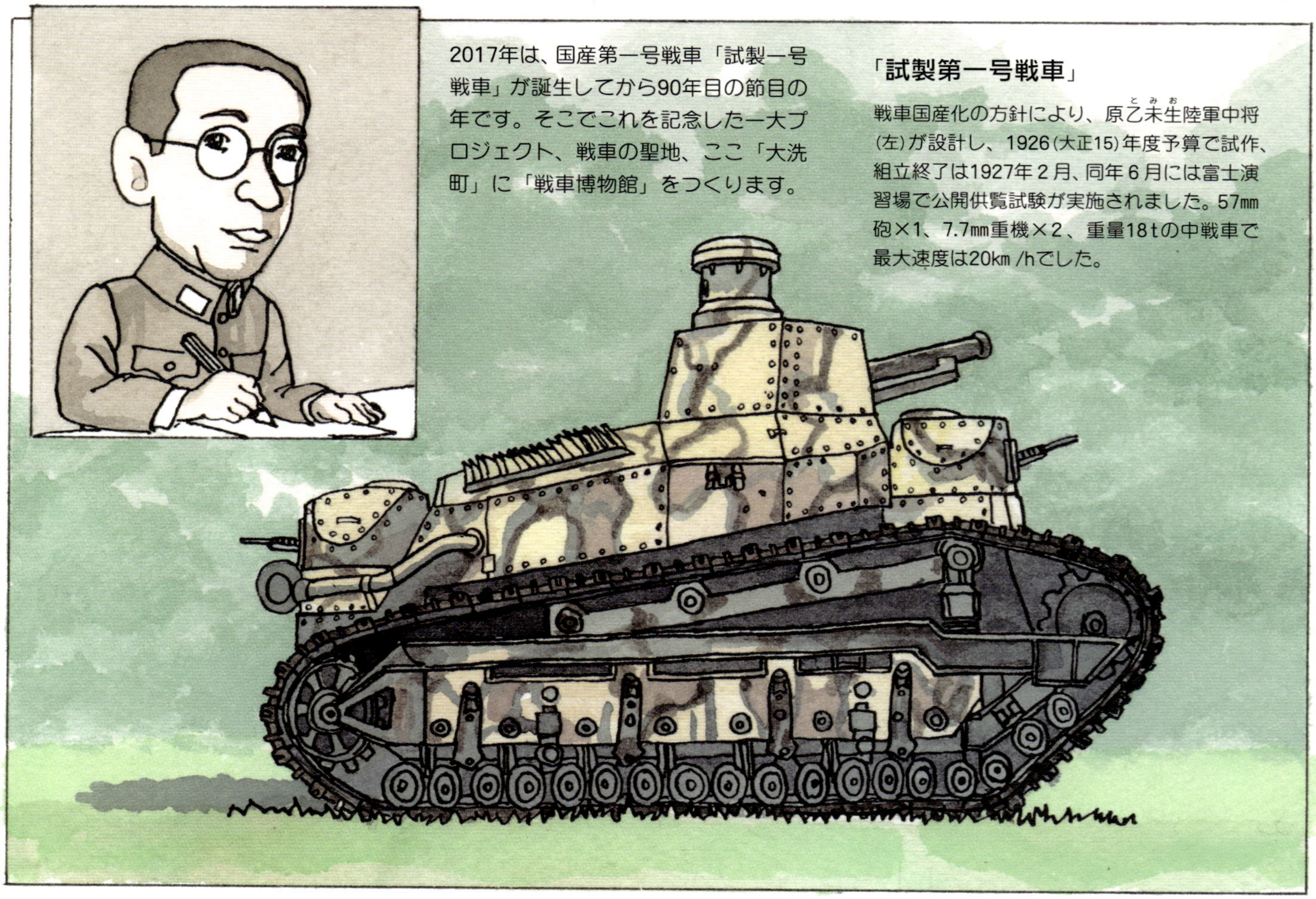
2017年は、国産第一号戦車「試製一号戦車」が誕生してから90年目の節目の年です。そこでこれを記念した一大プロジェクト、戦車の聖地、ここ「大洗町」に「戦車博物館」をつくります。
「試製第一号戦車」
戦車国産化の方針により、原乙未生《とみお》陸軍中将(左)が設計し、1926(大正15)年度予算で試作、組立終了は1927年２月、同年６月には富士演習場で公開供覧試験が実施されました。57㎜砲×1、7.7㎜重機×２、重量18ｔの中戦車で最大速度は20㎞/hでした。

「『大洗大使』ってどんな人？」
「噂では製パン業で大成功した人だそうです」

「すると大洗大使はパン屋さん？」
「人気商品はガルパンです」

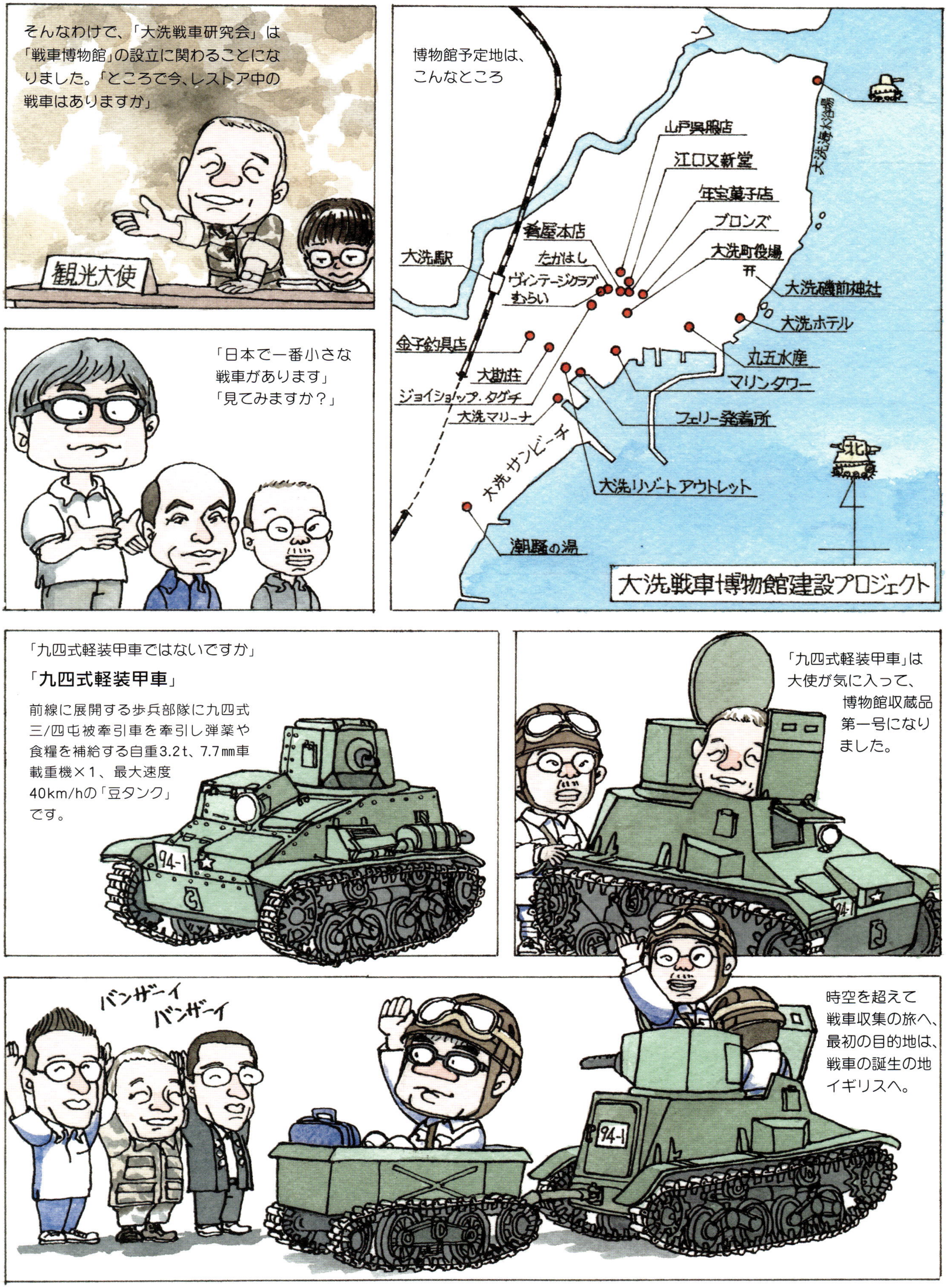
そんなわけで、「大洗戦車研究会」は「戦車博物館」の設立に関わることになりました。「ところで今、レストア中の戦車はありますか」
観光大使
「日本で一番小さな戦車があります」
「見てみますか？」
博物館予定地は、こんなところ
山戸呉服店
江口又新堂
年宝菓子店
ブロンズ
肴屋本店
たかはし
大洗駅
大洗町役場
ヴィンテージクラブむらい
大洗海水浴場
大洗磯前神社
大洗ホテル
金子釣具店
丸五水産
大勘荘
マリンタワー
ジョイショップ・タグチ
大洗マリーナ
フェリー発着所
大洗サンビーチ
北
大洗リゾートアウトレット
潮騒の湯
大洗戦車博物館建設プロジェクト
「九四式軽装甲車ではないですか」
「九四式軽装甲車」
前線に展開する歩兵部隊に九四式三/四屯被牽引車を牽引し弾薬や食糧を補給する自重3.2t、7.7㎜車載重機×1、最大速度40km/hの「豆タンク」です。
94-1
「九四式軽装甲車」は大使が気に入って、博物館収蔵品第一号になりました。
バンザーイ
バンザーイ
時空を超えて戦車収集の旅へ、最初の目的地は、戦車の誕生の地イギリスへ。

イギリス海軍の手により「陸上軍艦」のコンセプトで試作されたのが「マザー」と呼ばれる車両で、その後の戦車のルーツになります。初走行は1916年１月、操縦者はイギリス海軍航空隊のヒル上等兵曹(左)。２月８日にはキングジョージ５世が「マザー」に試乗されています。開発秘匿名は移動式水槽「タンク」でした。

「わたしは『ヒトマル式戦車』搭乗体験があります」
(チョウチョウ)

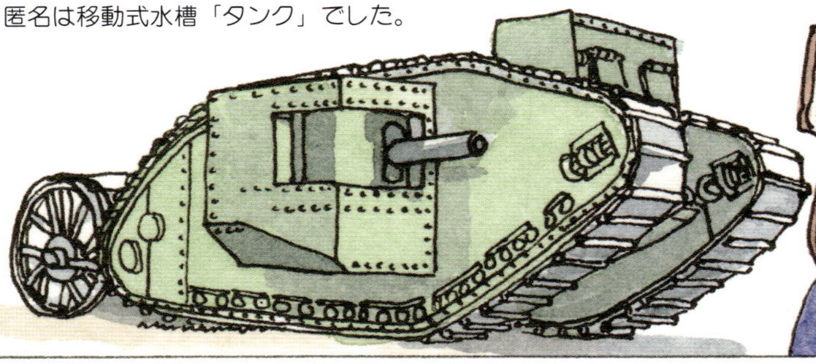

陸上軍艦「マザー」の量産型が「タンクMk.Ⅰ」です。初陣は1916年９月15日。膠着し塹壕戦となった西部戦線のソンム会戦でした。その時の出で立ちは、超壕能力を増すための直径122㎝の大車輪を引き、車体上部には木枠に手榴弾除けの金網を張ったヘンテコリンなものでした。

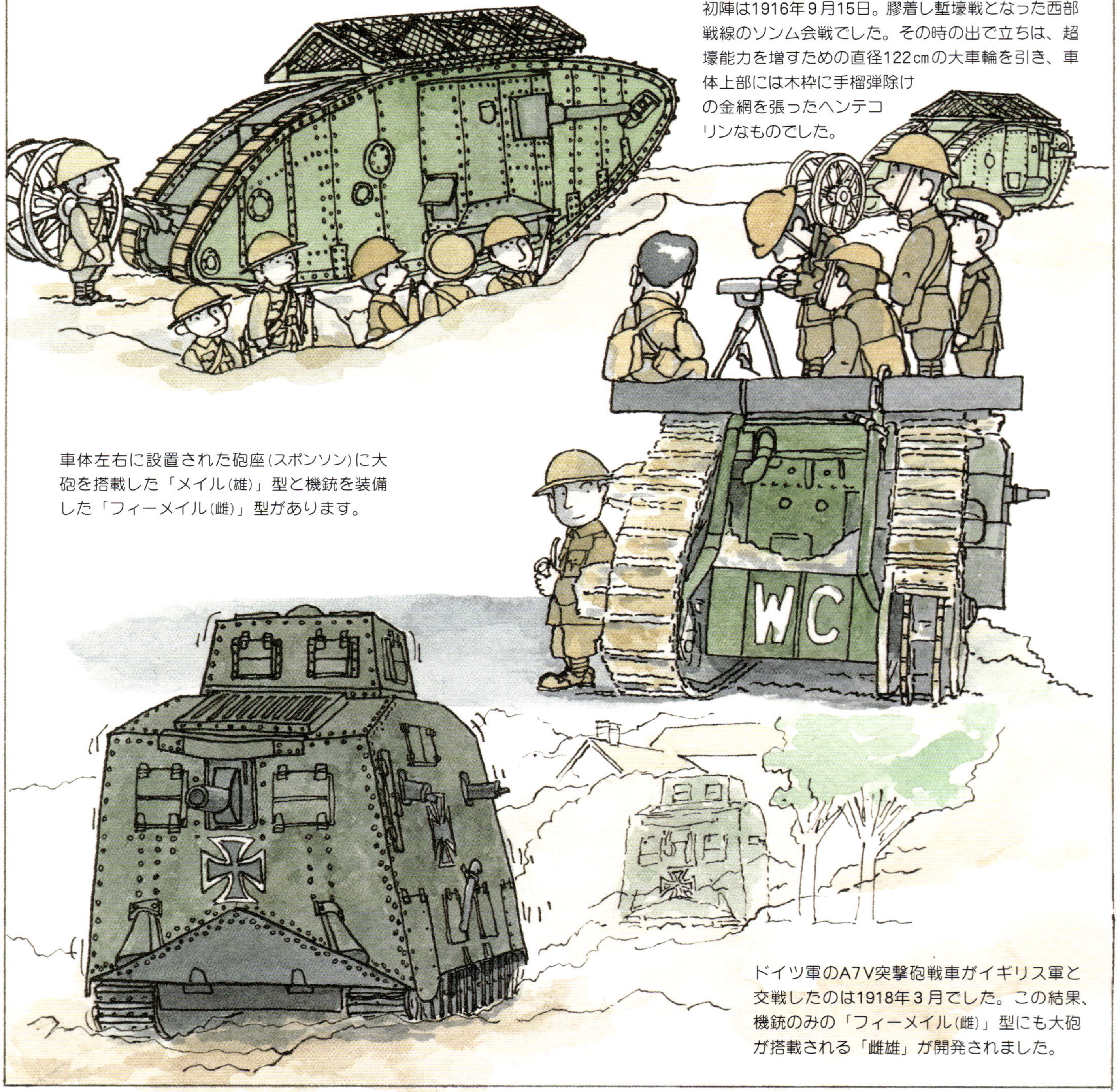

車体左右に設置された砲座(スポンソン)に大砲を搭載した「メイル(雄)」型と機銃を装備した「フィーメイル(雌)」型があります。

ドイツ軍のA7V突撃砲戦車がイギリス軍と交戦したのは1918年３月でした。この結果、機銃のみの「フィーメイル(雌)」型にも大砲が搭載される「雌雄」が開発されました。

菱形戦車の完成形ともいえるタンクMk.Vの派生型として、1918年1月に誕生した「雌雄型」。

「雌雄型」タンクの新装備(?)が、スポンソンの後部に設けられた放鳥口から放たれる伝書鳩です。

日本最初の戦車は1918(大正7)年にイギリスから輸入したMk.Ⅳ「フィーメイル(雌)」型重戦車です。日本陸軍の希望はMk.V型でしたが、最新型ということで売ってもらえず、旧型のMk.Ⅳになりました。本戦車は横浜に陸揚げされ、鉄道輸送で汐留停車場へ、そこから黒山の人だかりの中、青山練兵場へは自力走行で向かいました。まもなく陸軍しちょう輜重兵(輸送補給任務)の奥村大尉の考案により、タンクは「戦車」と訳されました。

Mk.Vの派生型MK.Ⅷ戦車は、「リバティ」「インターナショナル」「アライド」とも呼ばれ、イギリスとアメリカが共同生産し、連合国で使用する予定でした。

1918年アメリカで製造された「スケルトン」戦車は、敵弾を受け流す防御方法が採られていました。

Mkタンクシリーズの最終モデルがMK.Ⅸ戦車(左)です。出力不足だったことから、別称は「The Pig(ブタ)」。Mk.Ⅸには「ダック」と呼ばれる水陸両用型(右)もあります。

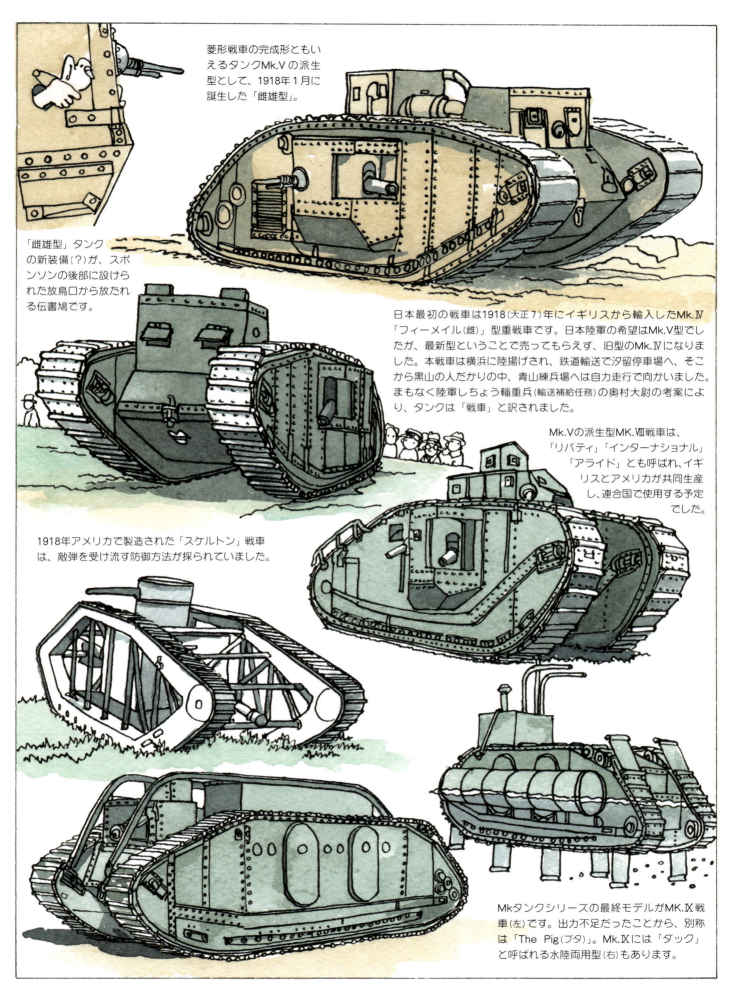

中戦車と呼ばれた最初の戦車が、マークA型中戦車「ホイペット」です。1917年10月に最大速度13.3km/hの高速騎兵戦車 / 迫撃戦車として完成し、日本陸軍では少数の「ホイペット」を1919(大正８)年から1920年にかけて輸入しています。

同じく1917年にフランスが開発したルノーFT-17戦車は、車体中央に全周旋回が可能な砲塔をもった近代戦車のルーツとなる軽戦車です。超越壕幅を増加するための構造物、尾体が特徴でした。自重6.7t、37㎜砲×１または機関銃×１、最大速度８km/h。

日本が輸入したルノーFT-17軽戦車は「ルノー甲型戦車」と呼ばれ、1925(大正14)年にはわが国初となる戦車隊が、久留米の第１戦車隊と千葉の陸軍歩兵学校戦車隊として「ホイペット」中戦車３輌と５輌の「ルノー甲型戦車」で編成されました。

ルノーNCはルノーFTの改良型で、最大速度18.5km/hの高速騎兵戦車です。わが国でも1927(昭和２)年と1929年に計23輌を輸入しましたが、故障が多く制式採用には至りませんでした。

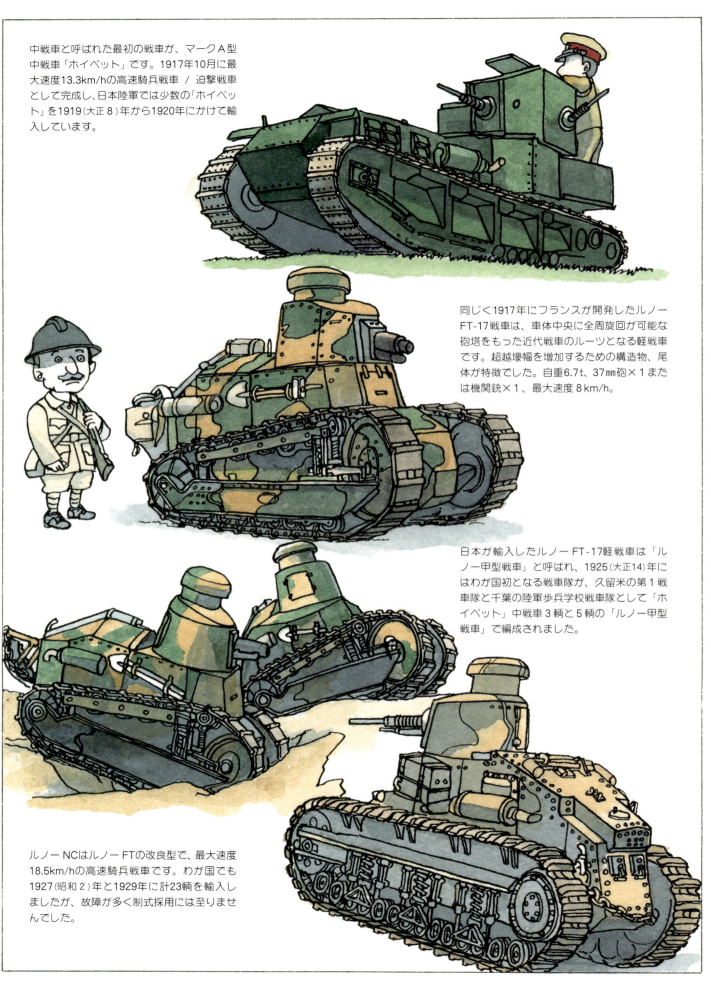

1927（昭和２）年にイギリスから輸入したヴィッカースMk.C中戦車は、その後日本初の制式戦車となる八九式中戦車の設計に多大な影響を与えました。それは欧米諸国から「ヴィッカースMk.C中戦車のコピーだ！」と言われるくらいでした。

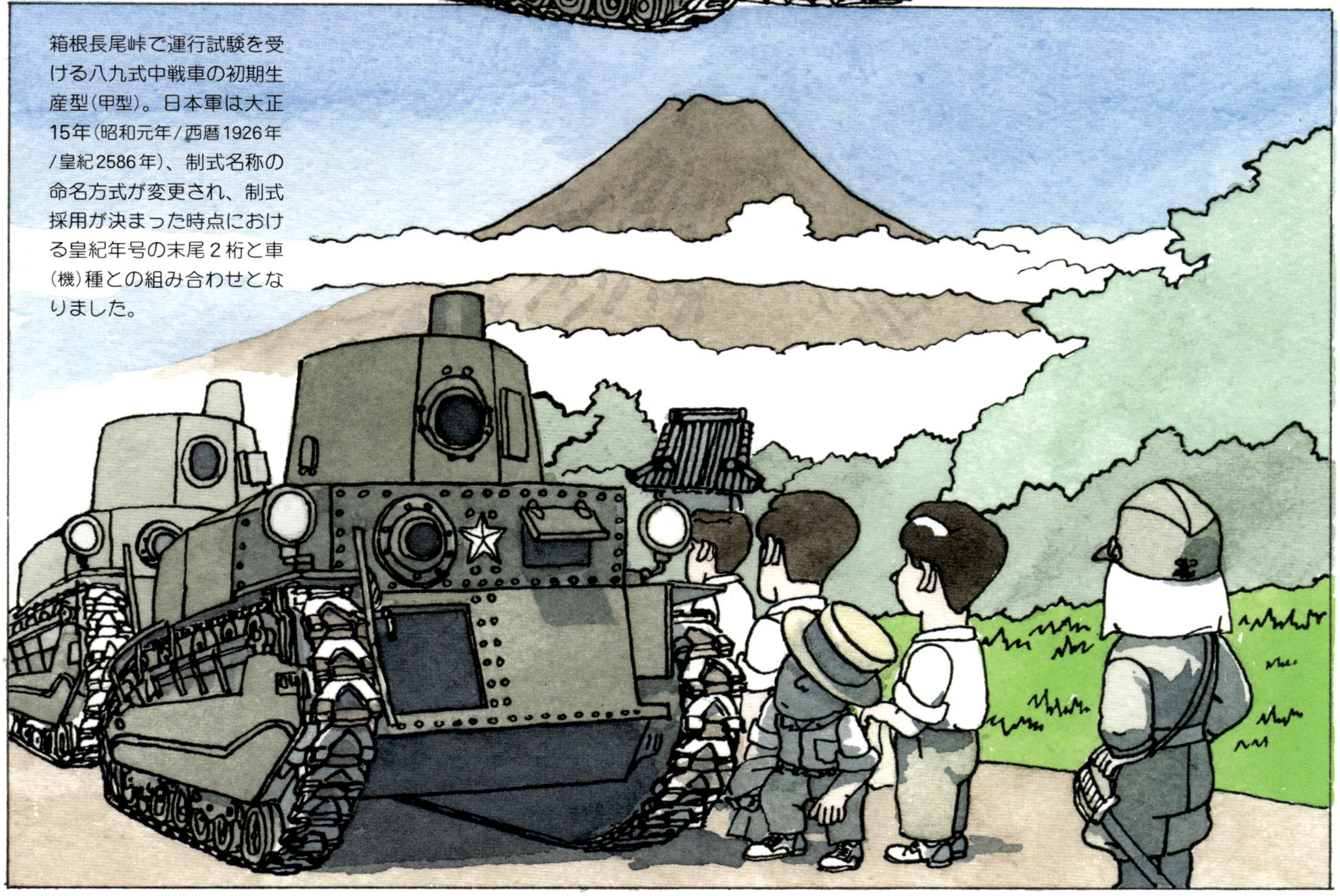

箱根長尾峠で運行試験を受ける八九式中戦車の初期生産型（甲型）。日本軍は大正15年（昭和元年／西暦1926年／皇紀2586年）、制式名称の命名方式が変更され、制式採用が決まった時点における皇紀年号の末尾２桁と車（機）種との組み合わせとなりました。

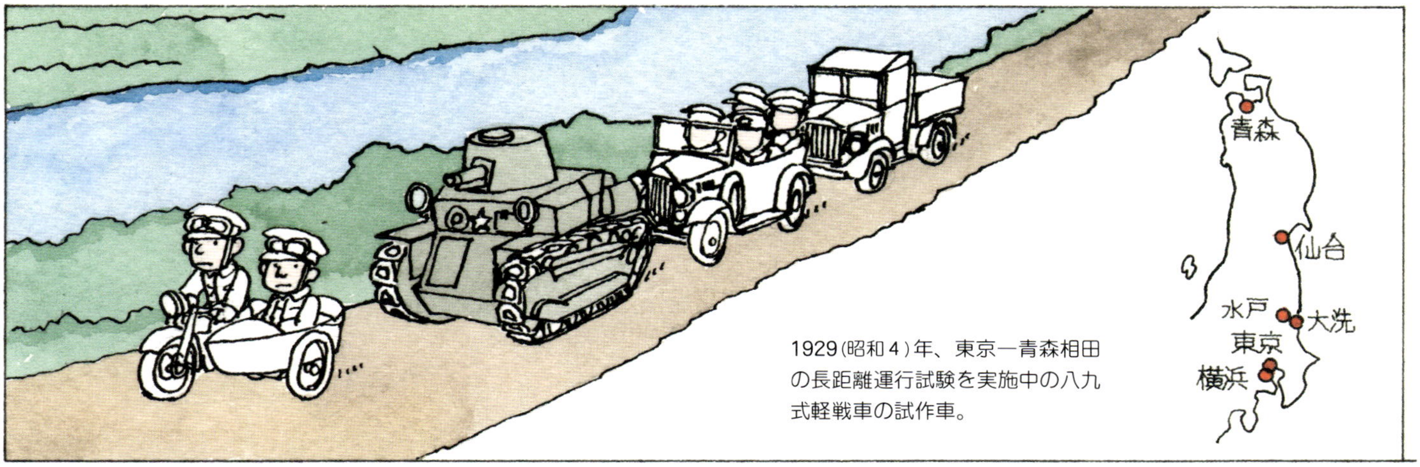

1929（昭和４）年、東京ー青森相田の長距離運行試験を実施中の八九式軽戦車の試作車。

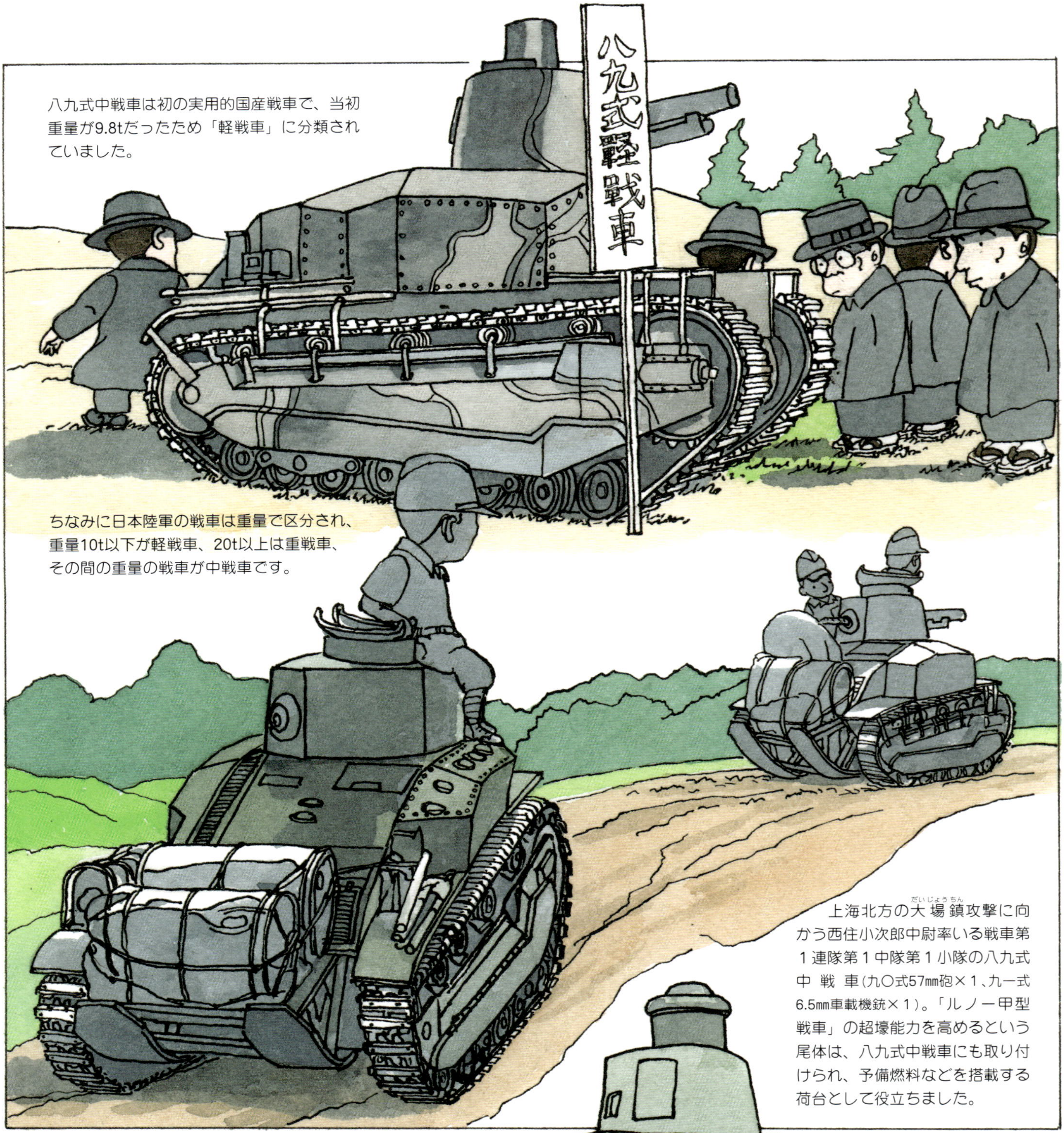

八九式中戦車は初の実用的国産戦車で、当初重量が9.8tだったため「軽戦車」に分類されていました。

ちなみに日本陸軍の戦車は重量で区分され、重量10t以下が軽戦車、20t以上は重戦車、その間の重量の戦車が中戦車です。

上海北方の大場鎮《だいじょうちん》攻撃に向かう西住小次郎中尉率いる戦車第1連隊第1中隊第1小隊の八九式中戦車（九〇式57mm砲×1、九一式6.5mm車載機銃×1）。「ルノー甲型戦車」の超壕能力を高めるという尾体は、八九式中戦車にも取り付けられ、予備燃料などを搭載する荷台として役立ちました。

試製一号戦車を改修して製作された試製九一式重戦車の超壕能力テスト。完成直後のため無武装でした。

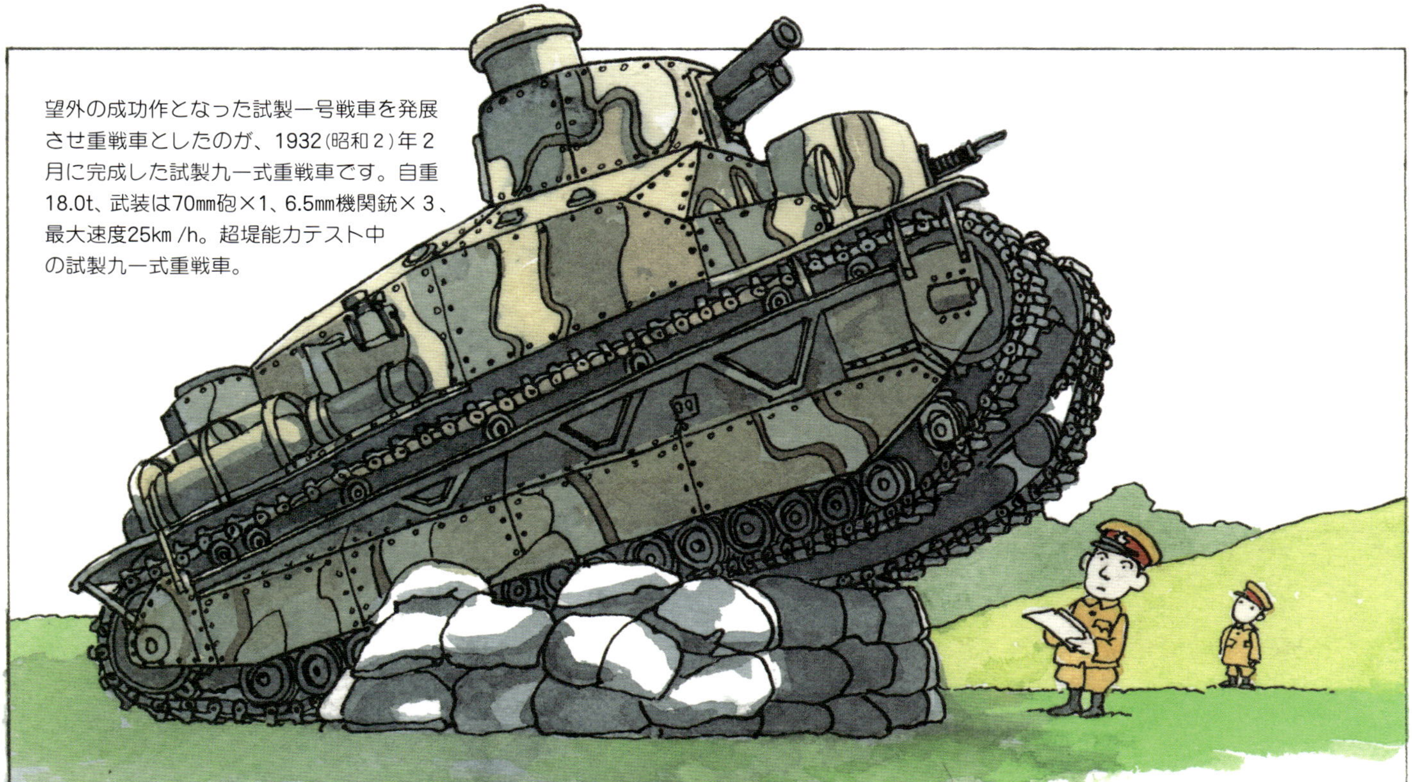

望外の成功作となった試製一号戦車を発展させ重戦車としたのが、1932(昭和２)年２月に完成した試製九一式重戦車です。自重18.0t、武装は70㎜砲×1、6.5㎜機関銃×３、最大速度25㎞/h。超堤能力テスト中の試製九一式重戦車。

試製九一式重戦車の改良型４輌製作された九四式重戦車(ロ号)です。自重26.0t、武装は70㎜/37㎜戦車砲各１、7.7㎜車載機銃１、最大速度22km/h。

４輌製作されたうちの１輌は、日露戦争で鹵獲《ろかく》したシュナイダー15㎝カノン砲を搭載する「ジロ号」と呼ばれる自走砲に改造されています。

旅順要塞に設置されていたシュナイダー15㎝カノン砲。

わが国で多砲塔の試製一号戦車が開発された時代、第１次世界大戦後の世界でも、多砲塔型戦車のブームがありました。フランスのシャール2C重戦車は、前部砲塔に75㎜砲と８㎜機関銃各1、車体左右に８㎜機関銃を各１と後部銃塔に１の重武装でした。ちなみに「シャール」は重突破戦車を意味します。

AIEI「インディペンデント」戦車は、1925年にヴィッカース・アームストロングが製造したイギリス初の多砲塔戦車です。３ポンドQF砲×１、7.7㎜ヴィッカース機関銃×４。

グローストラクトール（Grosstaktor）Ⅰは、ドイツが再軍備宣言をする以前の1925年にダイムラー・ベンツが試作した試験用重戦車で、水陸両用戦車でした。

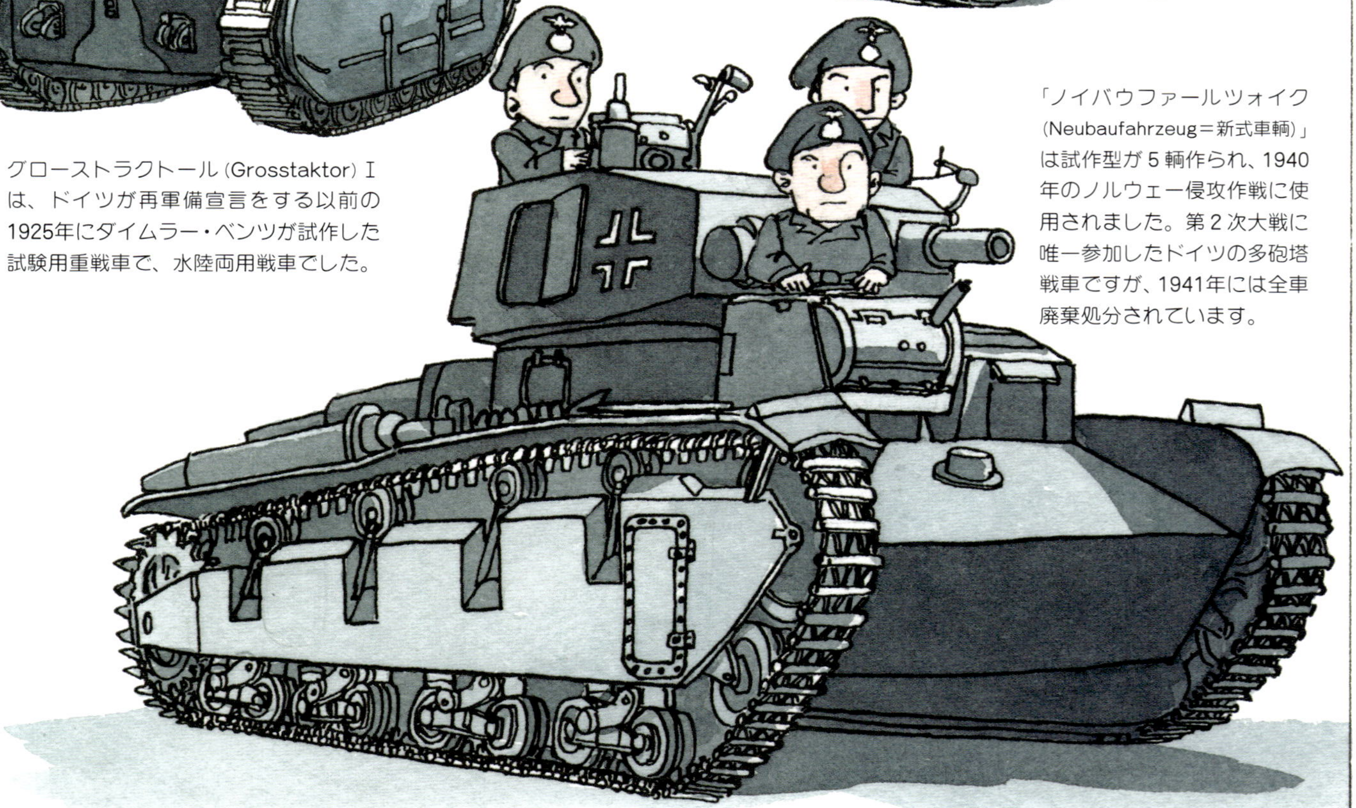

「ノイバウファールツォイク（Neubaufahrzeug＝新式車輌）」は試作型が５輌作られ、1940年のノルウェー侵攻作戦に使用されました。第２次大戦に唯一参加したドイツの多砲塔戦車ですが、1941年には全車廃棄処分されています。

ソ連製の多砲塔戦車であるT-35重戦車(1935年型)は、自重45t、76.2mm砲×1、45mm砲×2、機関銃×6、速度28.9km/h。1941年6月のドイツ軍のソ連侵攻を迎え撃ちましたが、その多くが撃破されてしまいました。

イギリスの王立兵器工廠で1925年に製造されたA3E1は、砲塔を直列に配置し、ヴィッカース機関銃各1を搭載した自重3tの軽戦車です。1926年には機関銃運搬車第1号と命名されました。

ヴィッカースの6t戦車、砲塔は並列配置で日本陸軍が輸入した唯一(?)の多砲塔戦車です。47mm砲×1、機関銃×1、最大速度35km/hでした。

「オルリック号」は、日本陸軍のシベリア出兵中に「チェコスロバキア軍団」から鹵《ろ》獲《かく》し使用した装甲列車で、その先頭としんがりを務め、車体前後の砲塔には57mm砲が搭載されています。

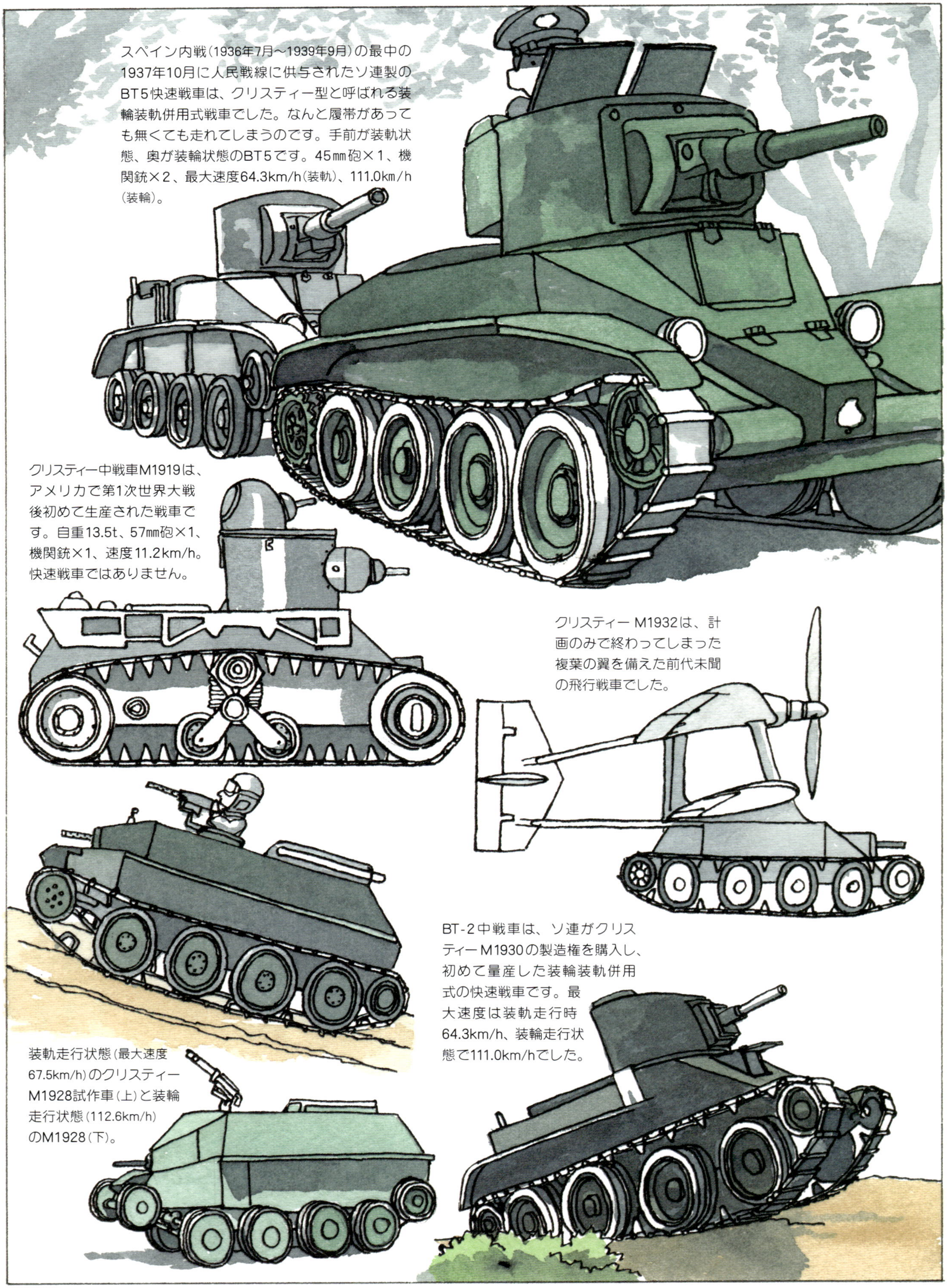

スペイン内戦（1936年7月〜1939年9月）の最中の1937年10月に人民戦線に供与されたソ連製のBT5快速戦車は、クリスティー型と呼ばれる装輪装軌併用式戦車でした。なんと履帯があっても無くても走れてしまうのです。手前が装軌状態、奥が装輪状態のBT5です。45㎜砲×1、機関銃×2、最大速度64.3km/h（装軌）、111.0km/h（装輪）。

クリスティー中戦車M1919は、アメリカで第1次世界大戦後初めて生産された戦車です。自重13.5t、57㎜砲×1、機関銃×1、速度11.2km/h。快速戦車ではありません。

クリスティー M1932は、計画のみで終わってしまった複葉の翼を備えた前代未聞の飛行戦車でした。

BT-2中戦車は、ソ連がクリスティー M1930の製造権を購入し、初めて量産した装輪装軌併用式の快速戦車です。最大速度は装軌走行時64.3km/h、装輪走行状態で111.0km/hでした。

装軌走行状態（最大速度67.5km/h）のクリスティーM1928試作車（上）と装輪走行状態（112.6km/h）のM1928（下）。

ソ連製のT29中戦車は1936年に開発されたBT型と同様の装輪装軌併用式戦車です。サスペンションの改良により、装軌走行でも、装輪走行と同じ速度56.3km/hで走行できるようになった試作戦車です。76.2㎜砲×1、機関銃4～5。

イギリスで1輌だけ試作されたヴィッカース装輪装軌併用式戦車は、クリスティー型と異なり、車輪とキャタピラーを切り替えることで、路上では車輪(右)で高速走行を、不整地ではキャタピラー(左)で安定走行ができました。速度は装軌状態で24.1km/h、装輪状態では40.2km/h。

スウェーデンのStrv(ランツベルク)L-30は、車輪とキャタピラーの切り替えが走行中でも約20秒でできる装輪装軌併用式戦車です。自重11.5t、武装は37㎜砲×1、機関銃×1。

1925年にチェコスロバキア陸軍が採用を検討した、自重6.8t、武装は37㎜砲と機関銃各1のKH50は、装軌走行状態で12km/h、装輪走行状態では34.9km/hの装輪装軌併用式戦車でした。

イギリス製のカーデン・ロイドMk.Vは(左)は、機関銃を1丁搭載した自重1.13tの装輪装軌併用の2人乗りの3輪式偵察用戦車です。

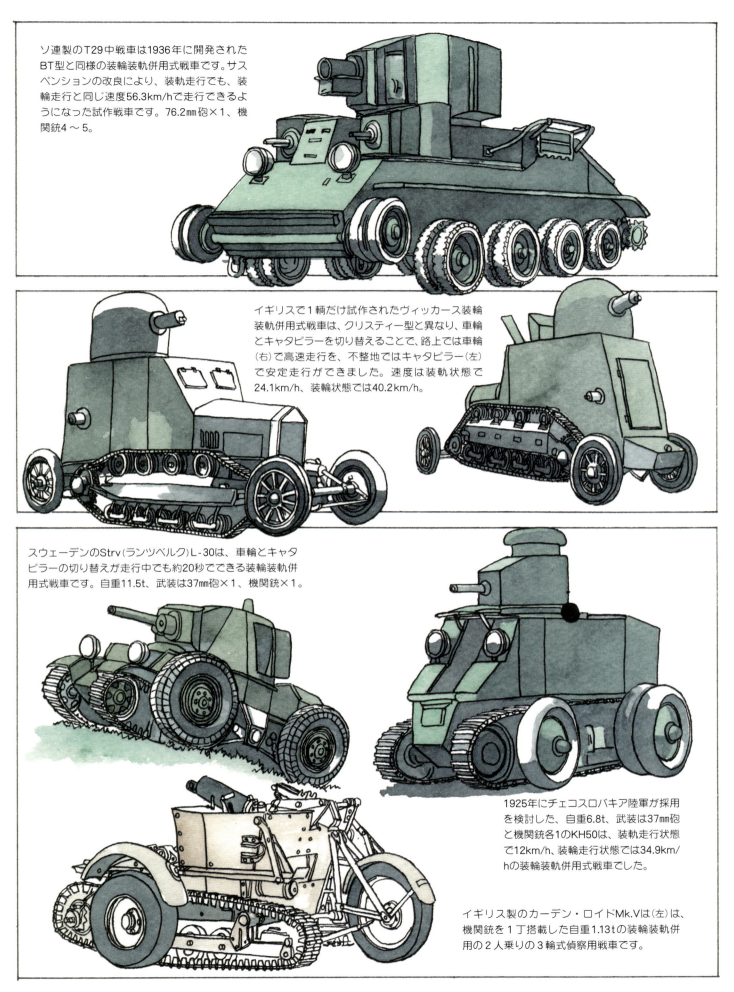

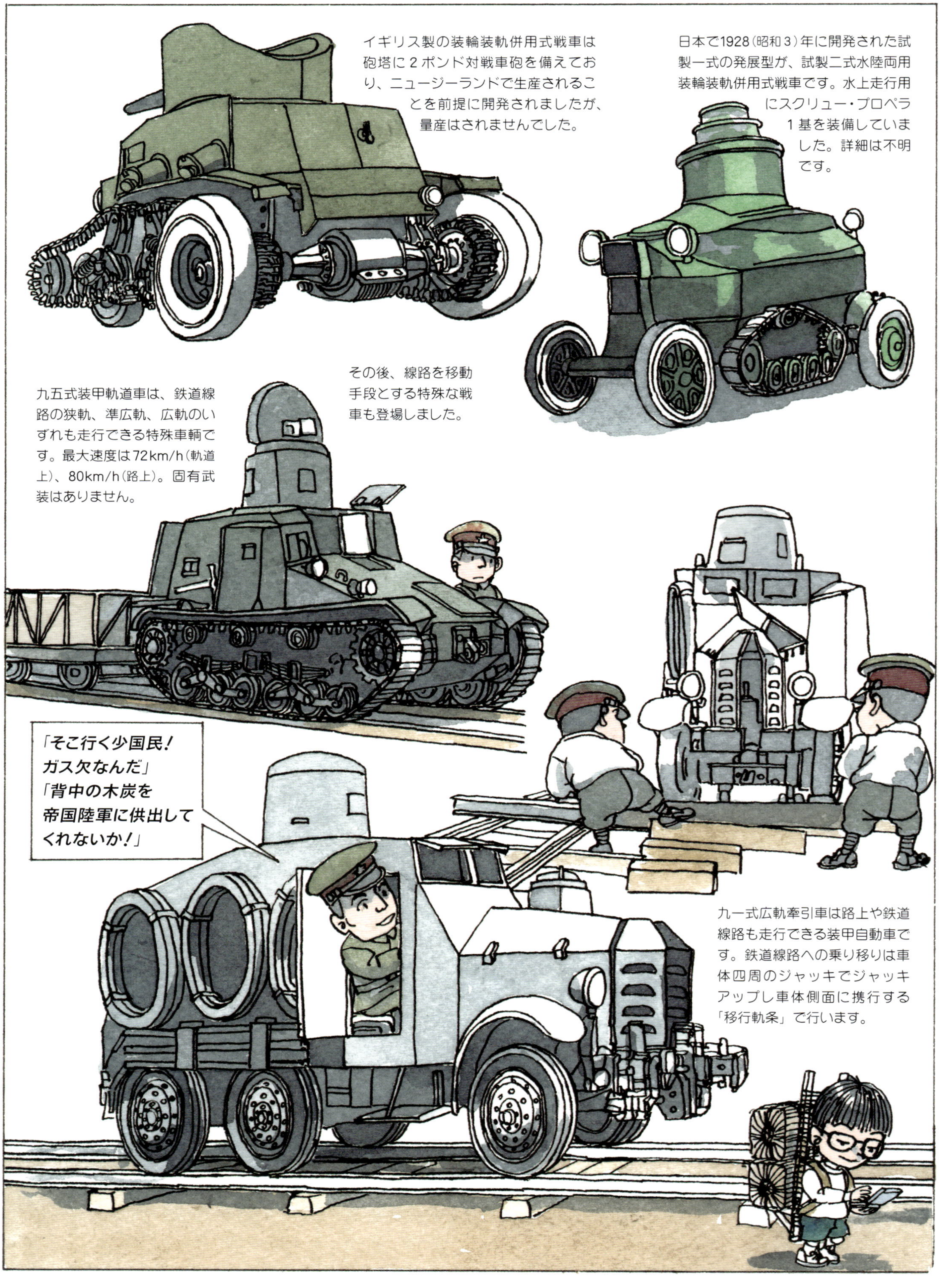

イギリス製の装輪装軌併用式戦車は砲塔に2ポンド対戦車砲を備えており、ニュージーランドで生産されることを前提に開発されましたが、量産はされませんでした。

日本で1928（昭和3）年に開発された試製一式の発展型が、試製二式水陸両用装輪装軌併用式戦車です。水上走行用にスクリュー・プロペラ1基を装備していました。詳細は不明です。

その後、線路を移動手段とする特殊な戦車も登場しました。

九五式装甲軌道車は、鉄道線路の狭軌、準広軌、広軌のいずれも走行できる特殊車輌です。最大速度は72km/h（軌道上）、80km/h（路上）。固有武装はありません。

九一式広軌牽引車は路上や鉄道線路も走行できる装甲自動車です。鉄道線路への乗り移りは車体四周のジャッキでジャッキアップし車体側面に携行する「移行軌条」で行います。

九五式軽戦車は「ハ」号車と呼ばれ八九式戦車乙型と同じ直列６気筒空冷ディーゼルエンジンを装備。自重6.7t、九四式37㎜戦車砲×1、九七式車載重機×１の武装で最大速度40km/h。機動性に優れ、使い勝手が良かったため、太平洋戦争全期を通じて、九七式戦車とともに主力戦車として使用されました。

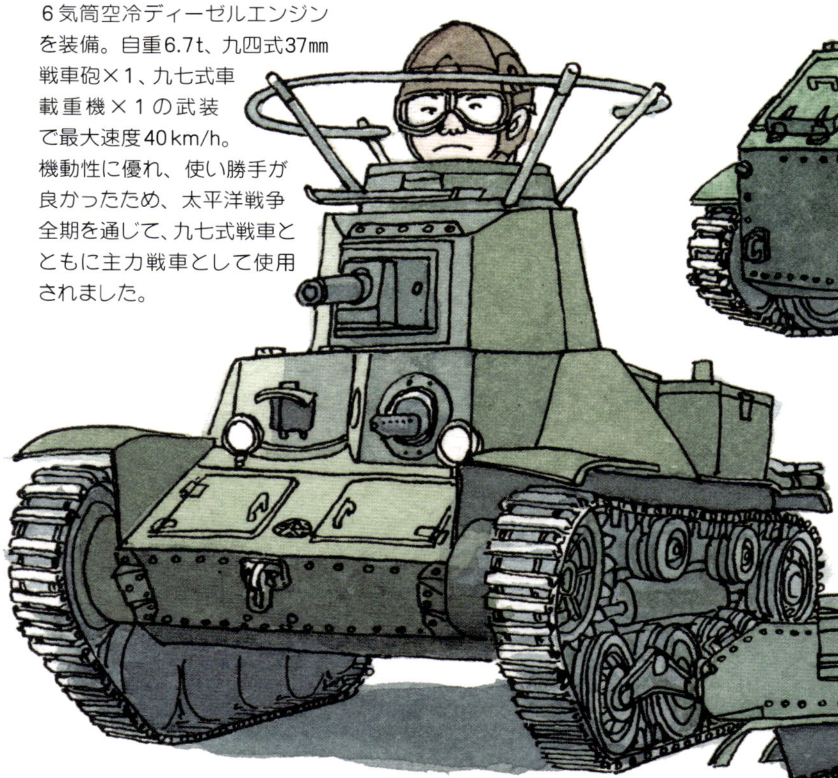

九五式軽戦車の第1次試作B型。

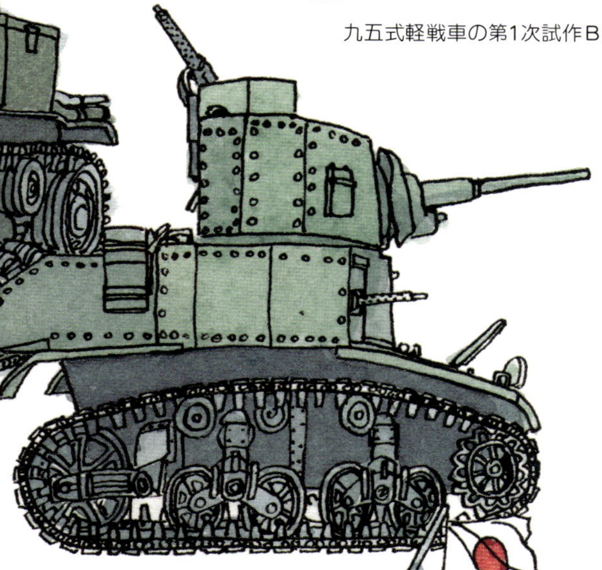

九五式軽戦車の太平洋戦争緒戦のライバルは、アメリカ製のM3軽戦車でした。日本軍ではフィリピンやビルマ(現ミャンマー)の戦線で多数のM3軽を鹵獲し、戦車隊に組み入れ再使用しています。

同じころ、戦車だけでなく、日本の戦闘機も形状が大きく変化しました。

キ-11は陸軍最後の複葉戦闘機。「支那事変」や「ノモンハン事変」に出撃した「空の九五式」、川崎陸軍九五式二型戦闘機です。

日本陸軍が開発した水陸両用戦車のひとつにカポックの浮舟をつけた九五式軽戦車があります。船尾の船外機で水上航行します。

特二式内火艇は、足回りは九五式軽戦車、砲塔は二式軽戦車と、既存の部品を多数流用して海軍が開発した水陸両用戦車です。

特二式内火艇は1941年に試作車が完成。同年10月の浜名湖での浮航試験に成功。翌42（昭和17／皇紀2602）年に制式採用に。大きな箱形の本体の前後には切り離し式のフロートが装着され、水上航走時の名称が「特二式内火艇」、上陸後、フロートを切り離すと呼称は「特二式戦車」です。180輌以上が生産され、南方戦線で使用されました。

「特三式内火艇」は特二式を大型化した水陸両用戦車で、砲塔は一式中戦車のものと同型です。19輌生産されましたが、実戦には間に合いませんでした。二等輸送艦への搭載試験を行う「特三式内火艇」。

特四式内火艇は、45cm魚雷を左右各舷に一本ずつ搭載できる魚雷戦も想定した戦車でした。地上走行20km/h、海上走行８km/hという最も低速な魚雷艇です。1944(昭和19)年から翌年の終戦まで19輌製作されました。

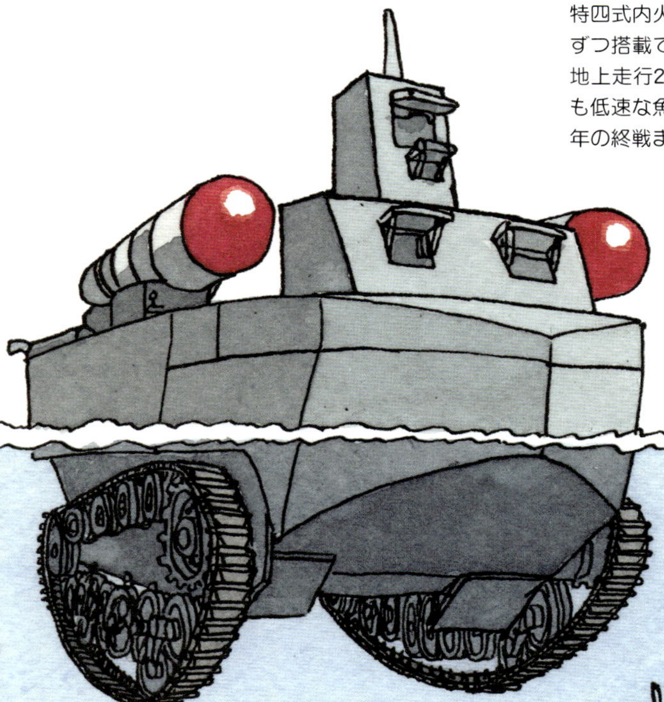

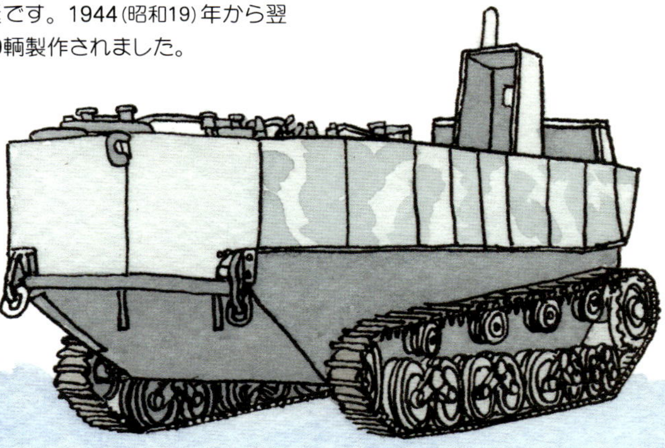

潜水艦に搭載され水中航行をする特四式内火艇。

わが国最大サイズの水陸両用型戦車であり、海軍同型戦車の集大成でもあった特五式内火艇は、自重29.1t、全長10.9m、全幅3.0m、全高3.38m、一式47㎜戦車砲×1、25㎜機関砲×1、九七式7.7㎜車載重機×2、最大速度32km/h(陸上)、10.5km/h(海上)。終戦時、鋼板は加工済でしたが、組立は未着手でした。

日本だけでなく、海外でも水陸両用戦車の開発は行われていました。ヴィッカース・アームストロングA4E12軽水陸両用戦車は1931～31年にかけて試作。イギリス陸軍には採用されませんでしたが、海外に多数販売され、ソ連ではこの戦車を基にT37水陸両用戦車を開発しました。

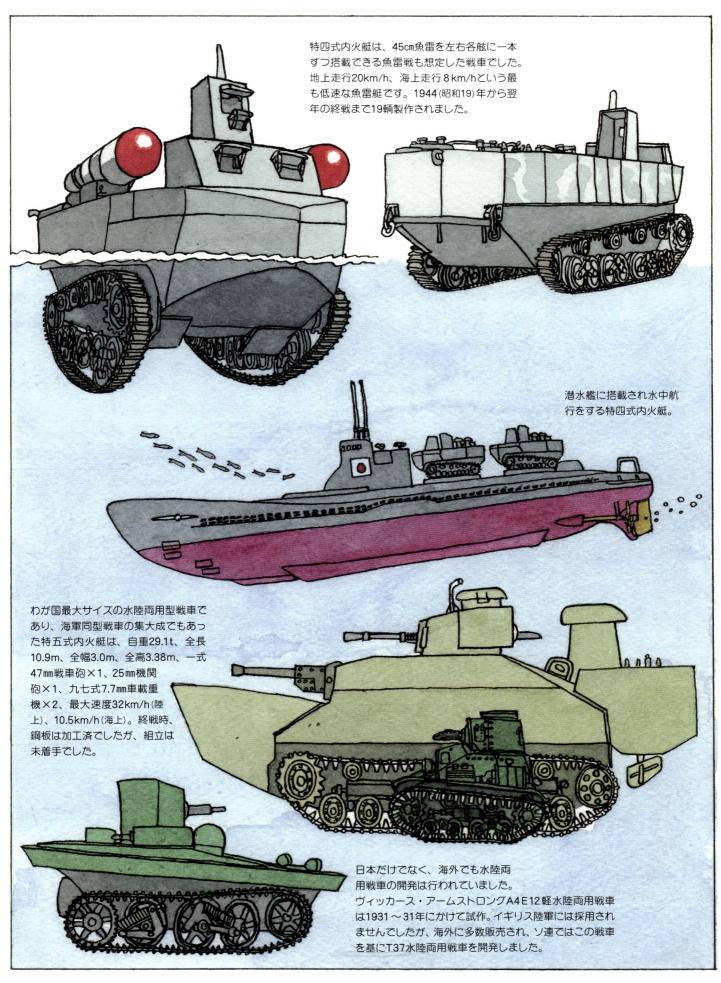

八九式中戦車に代わる主力戦車を目指して開発された九七式中戦車（チハ車）は、ノモンハン事変から太平洋戦争全期を通じて日本陸軍の主力戦車でした。

自重14.5t、九七式57㎜戦車砲×1、車載重機関銃×1、最大速度38km/h。優れた基本性能を生かして、数々のバリエーションが生まれました。

九七式中戦車第二案系（チニ車）です。チハやチニの「チ」は中（チュウ）戦車の「チ」で、続くカタカナが開発順を表しています。

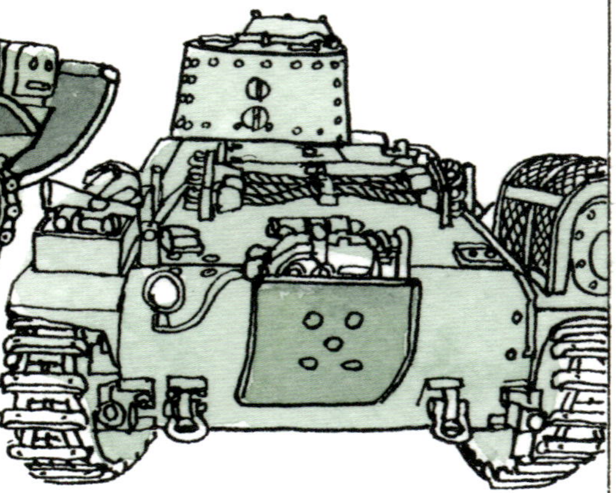

チニ車の最後尾にはチハ車にはない超壕性能を補う尾体（尾橇）が設けられていました。

障害通過試験を行う「チニ車」。尾体の効果もあってか、「チハ車」と同等の2.5mの壕通過を記録しています。

マレー半島侵攻作戦において活躍した「シマダ戦車隊」の島田豊作少佐(左)と、それに続けと進撃する「シマダ戦車隊」の九七式中戦車。

「試製シキ車九七式中戦車」

「九七式中戦車」には多くのファミリーがいます。「九七式中戦車改」は、搭載砲を威力の大きい一式47㎜砲に換装するとともに砲塔も新型となりました。

「一式中戦車(チヘ車)」は「ノモンハン事変」での戦訓から、装甲強化と機動力の向上が図られました。

チハ車の車体は大砲を搭載し、自走
砲や砲戦車として再生されています。
一式７㎜半自走砲（ホニⅠ）
※「ホ」は、砲戦車の略称。

九七式75㎜砲を搭載した
二式砲戦車（ホイ車）

三式7.5㎜戦車砲を
搭載した三式砲戦車
（ホ二Ⅲ）

九一式10㎜榴弾砲を
搭載した一式砲戦車
（ホ二Ⅱ）

四式15㎝自走砲
（ホロ車）

1943（昭和18）年に試作された「伐開機」
は、車体の前方に設置された突角で密
林の樹木を押し倒して進撃します。

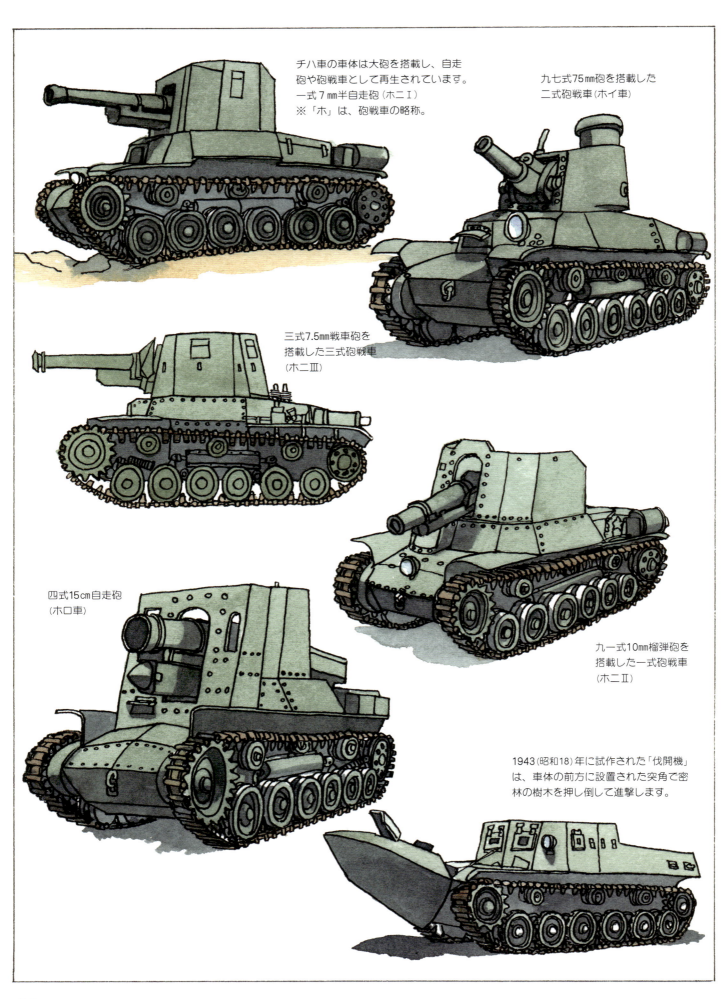

空の九七式には傑作機が多い。三菱陸軍九七式司令部偵察機は現代における戦略偵察機のルーツです。1937年4月に東京―ロンドンの都市間連絡飛行の国際記録を樹立しています。

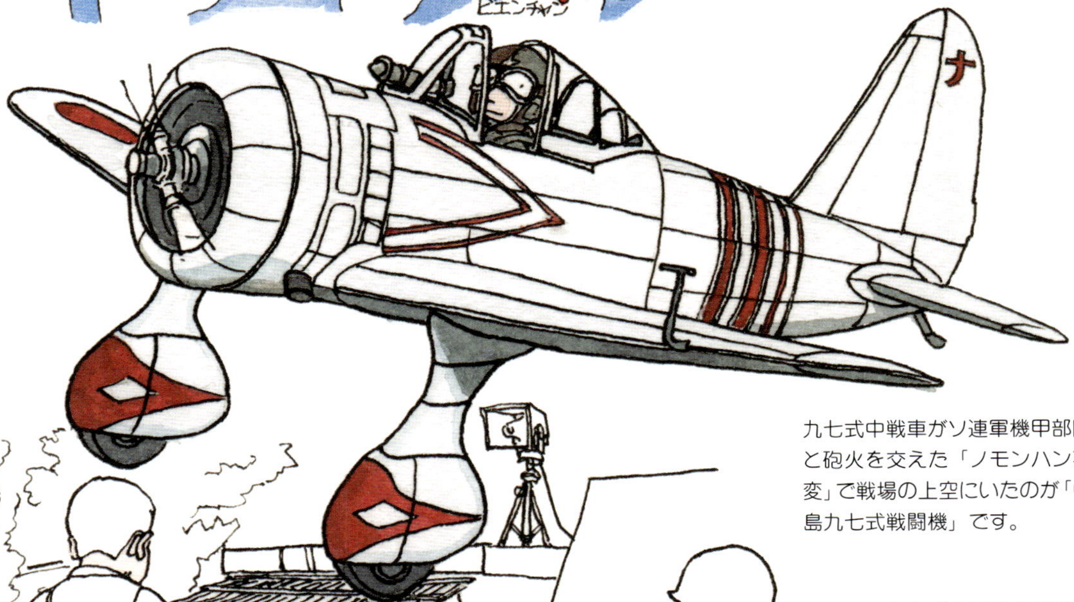

九七式中戦車がソ連軍機甲部隊と砲火を交えた「ノモンハン事変」で戦場の上空にいたのが「中島九七式戦闘機」です。

九七式中戦車の最後のお勤めが、戦後の1948(昭和23)年8月19日の米軍(進駐軍)と共に出動した「東宝争議」でした。
※「東宝争議」日本の大手映画製作会社、東宝で発生した労働争議(1946～1948)。撮影所の接収にあたり、警視庁予備隊および当時日本の占領業務にあたっていた米軍までもが出動しました。

第二次世界大戦で米軍の主力
戦車だったM4中戦車

予想されるM4中戦車の太平洋戦線への出現に備えて急ぎ開発された中戦車が「チハ」系列の最後の戦車となった三式中戦車です。対戦車戦を想定して大口径の75㎜砲を搭載。本土決戦を視野に配備されましたが、終戦となり実戦に参加することはありませんでした。

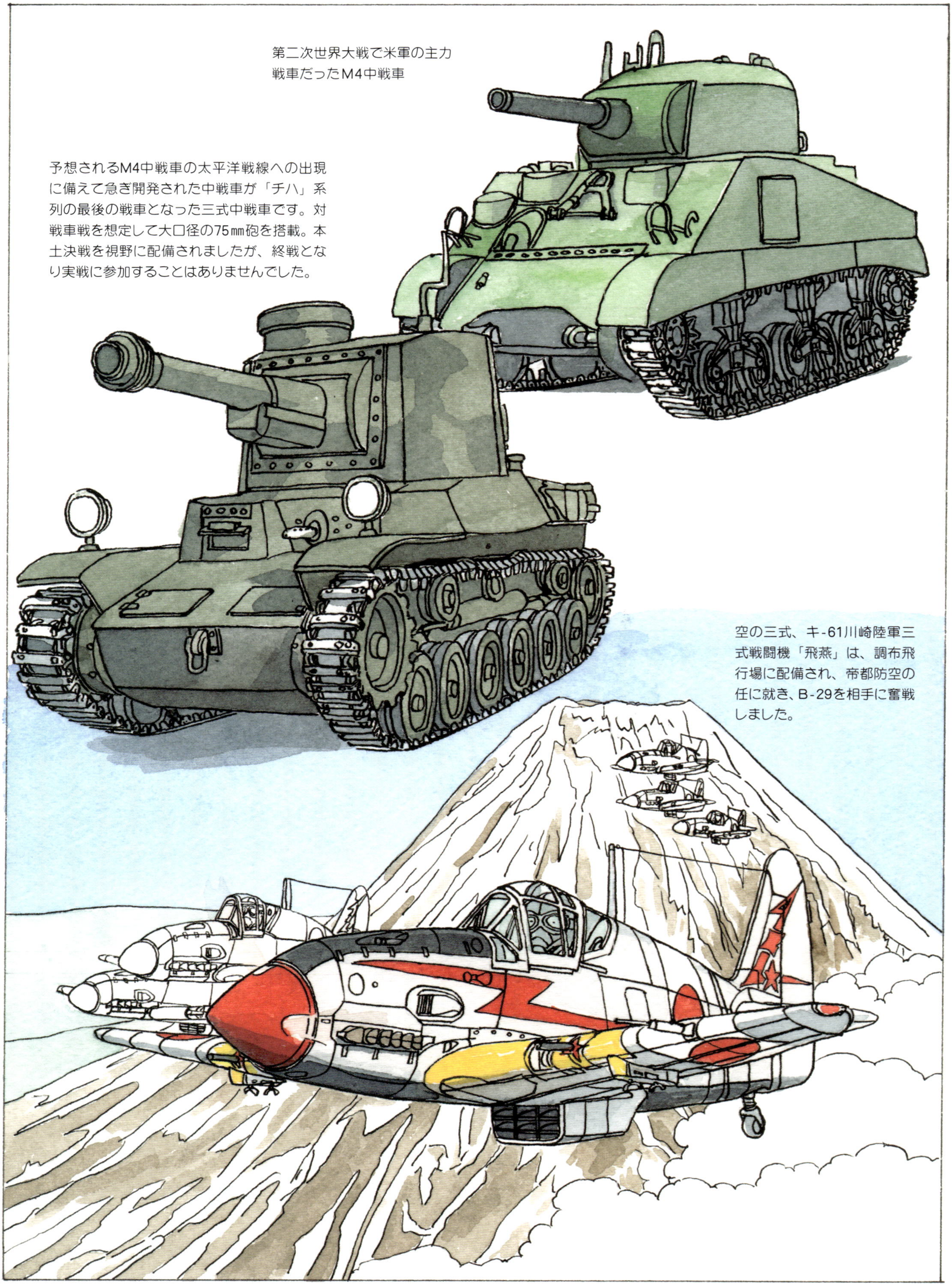

空の三式、キ-61川崎陸軍三式戦闘機「飛燕」は、調布飛行場に配備され、帝都防空の任に就き、B-29を相手に奮戦しました。

四式中戦車(チト車)は主砲塔を防弾鋳鉄製とし、車体も新設計された四式75㎜高射砲改造の戦車砲(三式中戦車と口径は同じですが長砲身で攻撃力アップ)を搭載しています。防御力も強化されましたが、量産はされませんでした。

五式中戦車(チリ車)の戦車砲はチト車と同じですが、車体前面副砲として37㎜砲も搭載されました。部分試作まで進んだものの完成はしなかった幻の戦車です。

運行姿勢の
四式七粍(ミリメートル)半高射砲

日本軍が開発を行おうとしていた150トン超重戦車(オイ車)のエンジンは、15ページに掲載された陸軍九五式複葉戦闘機のエンジン、ハ-9-Ⅱ甲をディチューンして出力を800hpから600hpにしたものを2基搭載。武装は15糎(センチメートル)榴弾砲×1、47㎜戦車砲×1。当時の日本の道路事情は自重150tの走行は不可能だったため、車体は分解され現地組立方式がとられた"プレハブ戦車"です。
※「オ」は、大型戦車の略称。

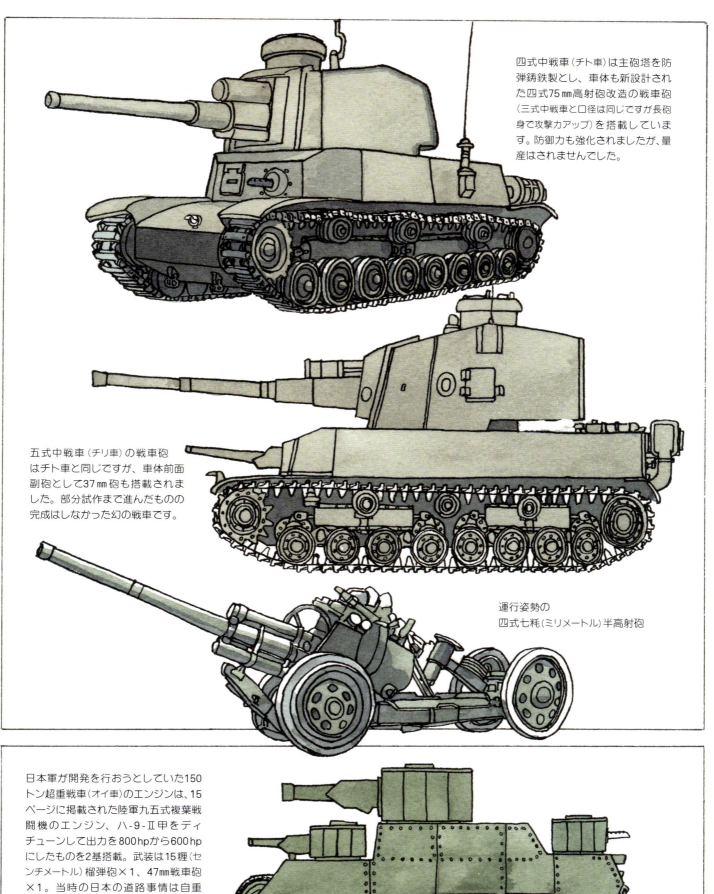

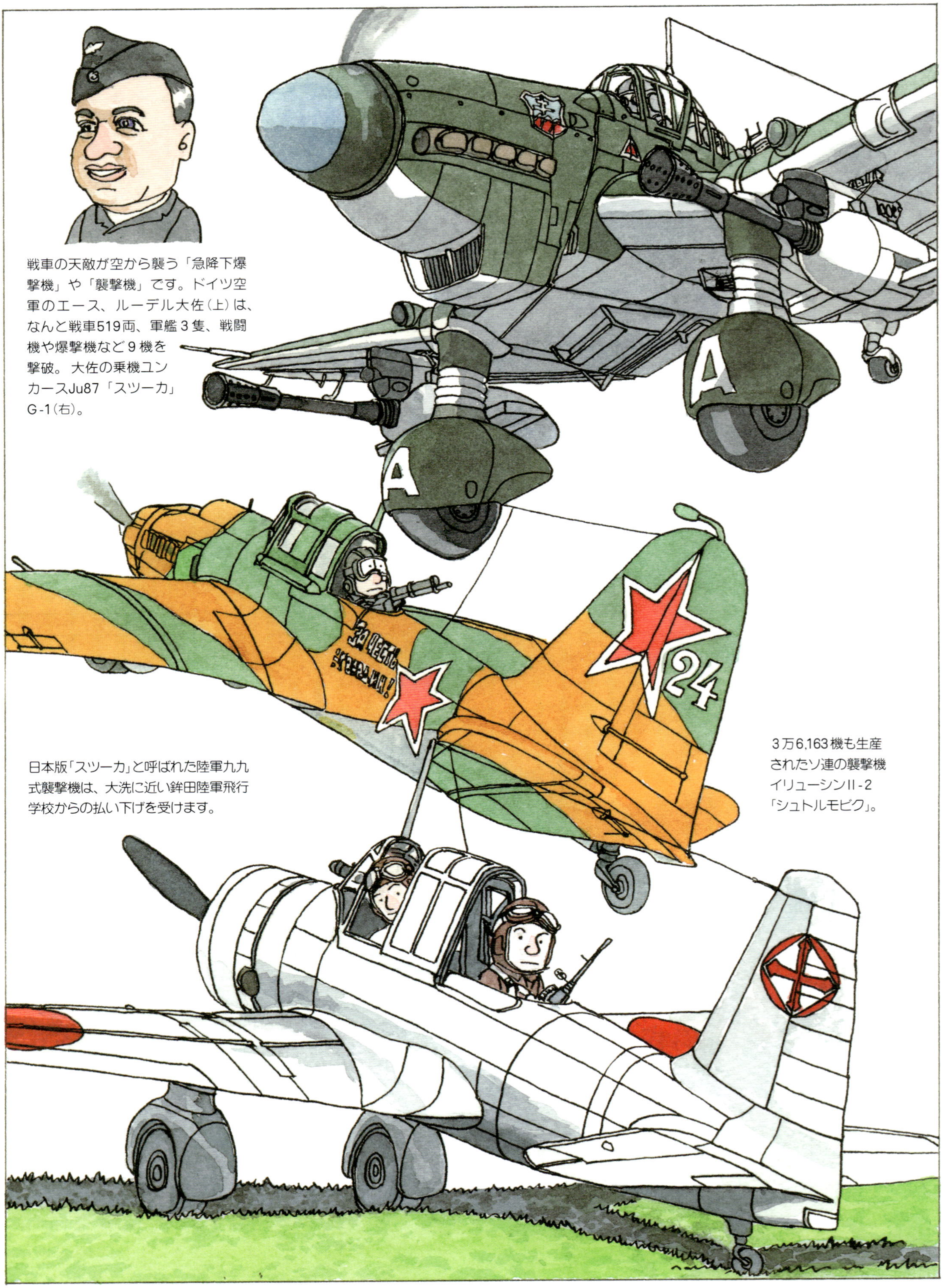

戦車の天敵が空から襲う「急降下爆撃機」や「襲撃機」です。ドイツ空軍のエース、ルーデル大佐（上）は、なんと戦車519両、軍艦３隻、戦闘機や爆撃機など９機を撃破。大佐の乗機ユンカースJu87「スツーカ」G-1（右）。

日本版「スツーカ」と呼ばれた陸軍九九式襲撃機は、大洗に近い鉾田陸軍飛行学校からの払い下げを受けます。

3万6,163機も生産されたソ連の襲撃機イリューシンII-2「シュトルモビク」。

最初の空挺戦車のひとつ、ソ連のT37水陸両用戦車は、当時の世界最大級の爆撃機ツポレフTB-3の輸送型G-2の胴体下に吊下され実戦に参加しています。
※「空挺戦車」輸送機に搭載可能な軽量戦車。戦闘地帯に空中投下もしくは強行着陸により輸送され、火力が不足しがちな降下直後の空挺部隊に火力と機甲戦力を与えます。

世界初の飛行戦車は、T-60軽戦車をグライダーに改造したアントノフ「KTフライングタンク」(左)です。飛行に成功したかは不明です。

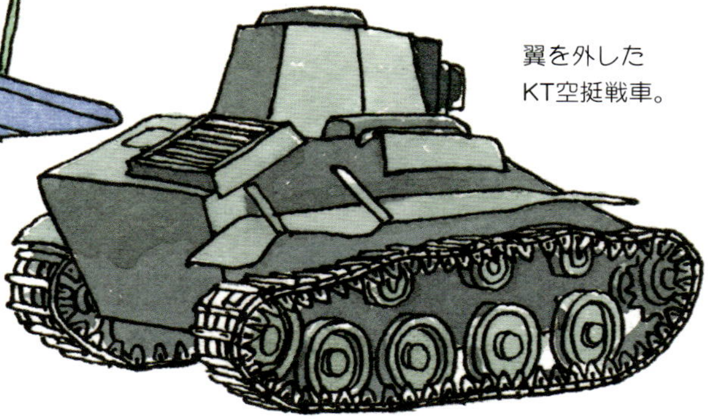

翼を外したKT空挺戦車。

わが国で研究された空挺戦車。九八式軽戦車と輸送用グライダー、国際ク7のモックアップ。

イギリスの空挺戦車「テトラーク」は1943年に空挺部隊に採用され、大型グライダーGAL-40「ハミルカーI」に搭載されて、史上最大の作戦「ノルマンディー上陸作戦」に投入されました。

「ハミルカーI」のモックアップで搭載試験を行う「テトラーク」空挺戦車。

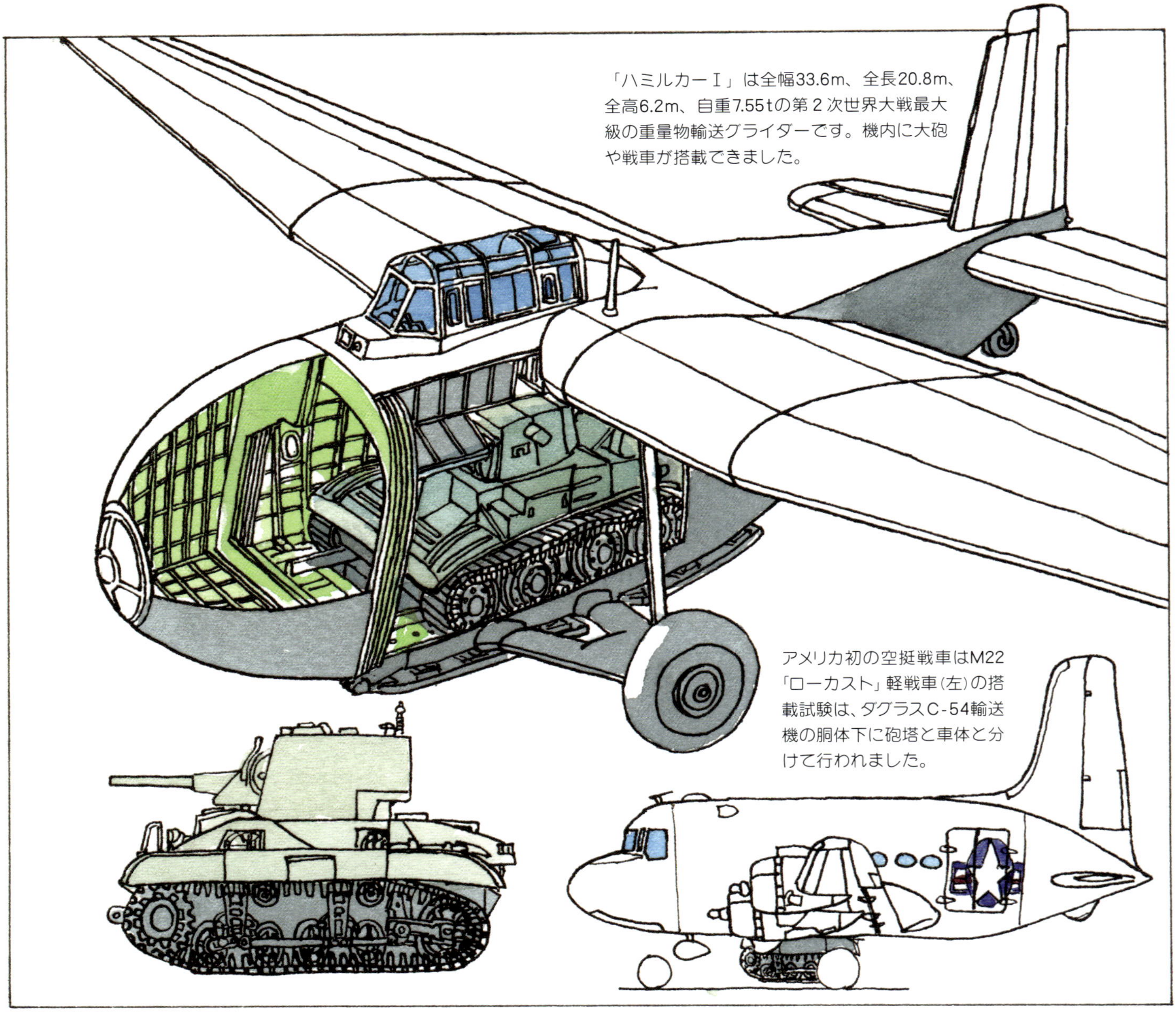

「ハミルカーⅠ」は全幅33.6m、全長20.8m、全高6.2m、自重7.55tの第２次世界大戦最大級の重量物輸送グライダーです。機内に大砲や戦車が搭載できました。

アメリカ初の空挺戦車はM22「ローカスト」軽戦車(左)の搭載試験は、ダグラスC-54輸送機の胴体下に砲塔と車体と分けて行われました。

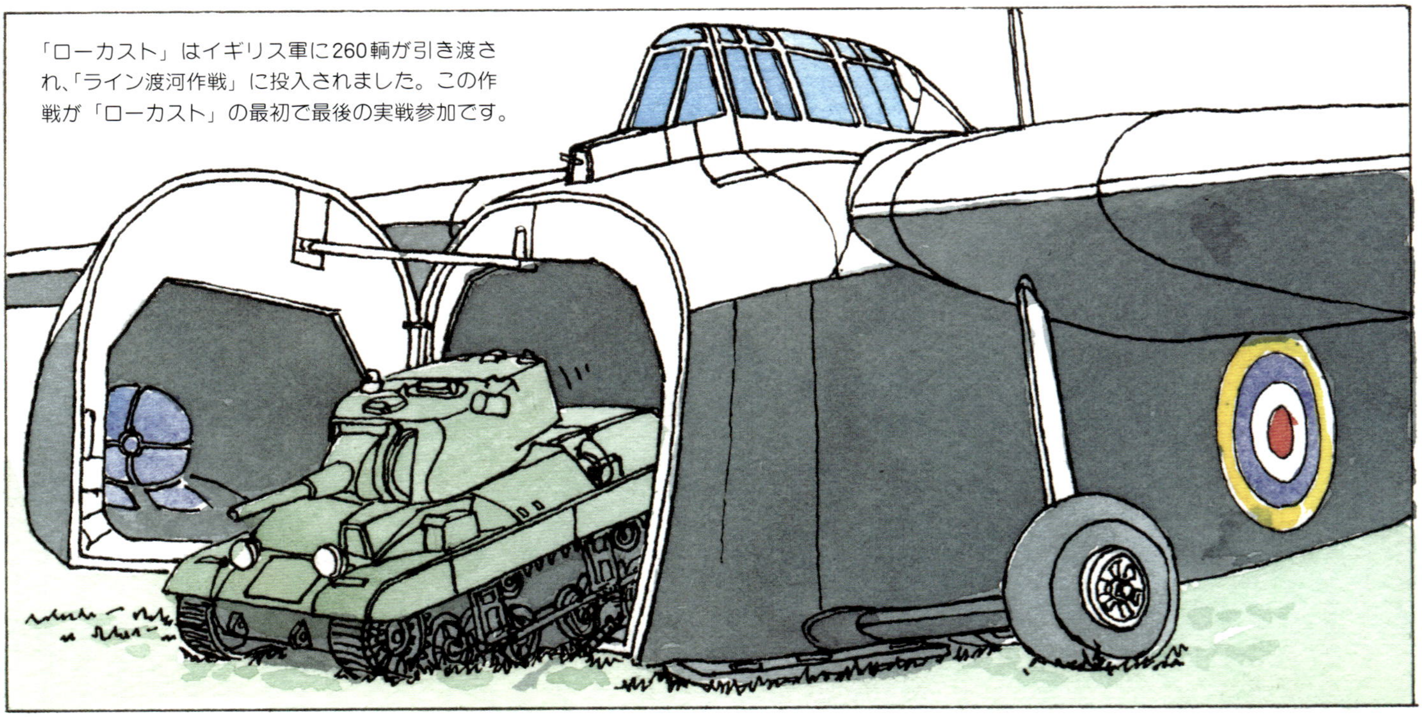

「ローカスト」はイギリス軍に260輛が引き渡され、「ライン渡河作戦」に投入されました。この作戦が「ローカスト」の最初で最後の実戦参加です。

地上戦で戦車を迎え撃つのが対戦車砲です。ドイツ軍には強力な88㎜砲Flak36/37がありました（下）
「Flak36/37を空輸してくるメッサーシュミットMe323『ギガント』を降ろす飛行場を探さないと……」

鹿島灘
大洗サンビーチ
臨時場外飛行場建設予定地
こうして世界中から集めた戦車を降ろす場所として白羽の矢が立ったのは「大洗サンビーチ」でした。

航空自衛隊の百里基地から借りてきた「モーボ」を設置して、着陸する航空機の安全をチェックします。先導するのは、世界初のエンジン付き装甲戦闘車両「モータースカウト」（1898年）に乗ってご機嫌な、我らが「大洗大使」。

第二次世界大戦中、ドイツのメッサーシュミット社が開発した大型軍用輸送機Me323「ギガント」(独語で「巨人」の意)。乗員５名、全長28.2m、翼幅55.2m、全高9.6m、最大離陸重量45t！ 1000馬力級のエンジン×６発でも非力で鈍重。連合軍機の恰好の餌食となりました。
広大な「大洗サンビーチ」も、あっという間に戦車、戦車、戦車…で埋まってしまいました。この場所が飛行場として使えて大変ラッキーでした。
「次は鉄道輸送に移行します」

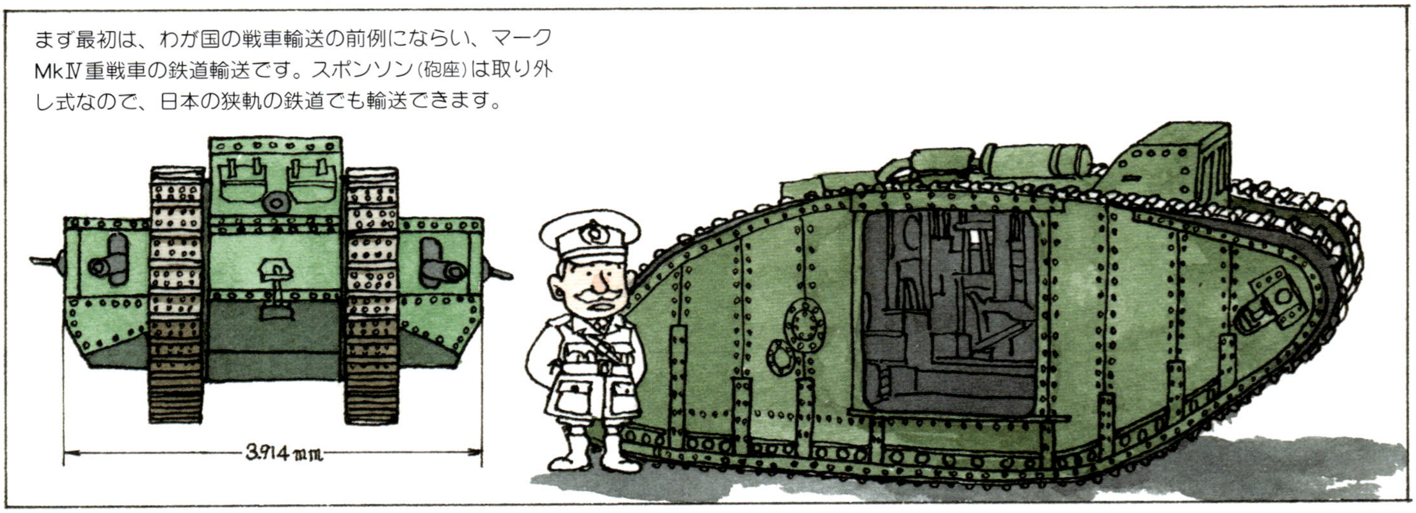
まず最初は、わが国の戦車輸送の前例にならい、マークMkⅣ重戦車の鉄道輸送です。スポンソン(砲座)は取り外し式なので、日本の狭軌の鉄道でも輸送できます。
3.914mm

マークMk.Ⅳ重戦車は、臨海鉄道大洗鹿島線で大洗駅へ。
大洗

大洗駅で砲座を再取り付けし、徒歩の速度(マークMk.Ⅳの最大速度6km/h)で「大洗戦車博物館」へ。
大洗駅
ドイツのⅣ号戦車「ティーガー」の履帯は、路上走行用の725㎜の幅広タイプと、鉄道輸送用の520㎜幅の2タイプがあります。その都度の履帯交換は面倒そうです。
大洗町のふさわしい場所に「大洗戦車博物館」の分館の設置計画もあります。
MURAI
酒を呑みながら……。
ガソリンを入れつつ……。

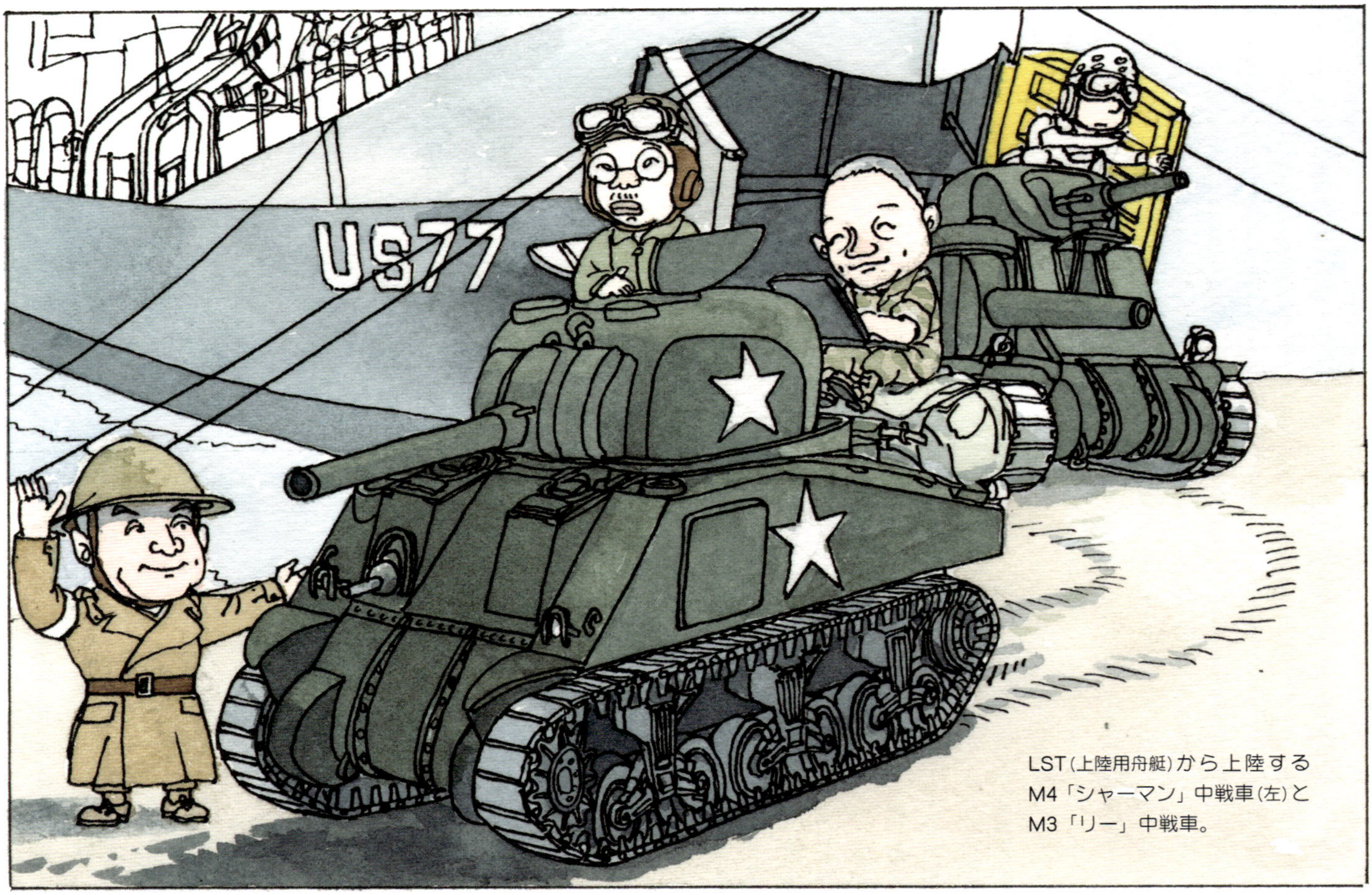

LST(上陸用舟艇)から上陸する
M4「シャーマン」中戦車(左)と
M3「リー」中戦車。

紙上最大の上陸ミッション、
「大洗海水浴場上陸作戦」。

大きな上陸用舟艇ばかりではないので、重い戦車を海岸に揚げるのは大変です。みなでバランスをとりながら、超ジリジリ作戦!?

九五式軽戦車を揚陸する「大発」。大発は陸軍が世界に先駆けて開発した艇首に揚陸用扉を設けた上陸用舟艇です。

二等輸送艦はSB艇と呼ばれ、戦車を装備した機甲陸戦隊を搭載し、敵制空権下を強行突破して、砂浜に擱座し一挙に戦車隊を上陸させます。

大洗磯前神社の鳥居前を戦車博物館に向かう「インディペンデント」戦車。
「この八九式中戦車で大洗戦車博物館への戦車の収容作戦は終了……と」
2017年某月某日「大洗戦車博物館」プレオープン。
九七式中戦車
「さあ皆さん、記念写真を撮る時間です」
「ハイ！チーズ！」

CLICK !

「大洗戦車博物館」のゲートガードは、
原中将の胸像と左右の九八式戦車と
試製一号戦車。

「大洗戦車博物館」の一般公開は未定です。

STAFF

絵と文	下田信夫
プロデュース	武田頼政（廣済堂出版）
企画・編集	佐野総一郎（オントップ）
ブックデザイン	金井文平
販売	鈴木啓仁（廣済堂出版）

大洗町で出会った皆さん

小谷隆亮　常盤良彦　大里明　山戸章弘
和田道子　小俣和大　島根隆幸　石井藤太郎
関根祐一　関根正治　小野瀬和佑　江口文子
山本俊之　田口孝　髙橋なつ子　坂本圭一
内打美代子　平沼健一　石田直也　他

協　力　大洗町役場
　　　　バンダイビジュアル

大《おお》洗《あらい》戦《せん》車《しゃ》博《はく》物《ぶつ》館《かん》

2017年3月31日　第1版　第1刷

著　者　下田信夫

発行人　後藤高志

発行所　株式会社 廣済堂出版
〒104－0061 東京都中央区銀座3－7－6
電話　03－6703－0964（編集）
　　　03－6703－0962（販売）
FAX　03－6703－0963（販売）
振替　00180－0164137
URL　http://www.kosaido-pub.co.jp

印刷・製本　株式会社 廣済堂

ISBN 978-4-331-52093-2 C0076

この作品はフィクションです。作中で描写される大洗町の人々は、実在の方々とどれほど類似し、あるいは一致しても、まったくの偶然であり、作者の意図しないものです。